FORSCHUNGSBERICHTE DES LANDES NORDRHEIN-WESTFALEN

Nr. 2494

Herausgegeben im Auftrage des Ministerpräsidenten Heinz Kühn
vom Minister für Wissenschaft und Forschung Johannes Rau

Prof. Dr.-Ing. Dr.-Ing. E.h.
Dr. h.c. Hermann Schenck
Prof. Dr.-Ing. Werner Wenzel
Priv.-Doz. Dr.-Ing. Mohammed Meraikib

Institut für Eisenhüttenkunde
der Rhein.-Westf. Techn. Hochschule Aachen

Rückgewinnung des Natriumcarbonatkatalysators bei der Reduktion von Eisenerzen mit Kohlenstoff

Springer Fachmedien Wiesbaden GmbH 1975

Ursprünglich erschienen bei Westdeutscher Verlag GmbH, Opladen 1975
Gesamtherstellung: Westdeutscher Verlag
ISBN 978-3-663-06403-9 ISBN 978-3-663-07316-1 (eBook)
DOI 10.1007/978-3-663-07316-1

Inhalt

1. Einleitung

Bei der Reduktion von Eisenerzen mit Gasen zur Gewinnung von Eisenschwamm ist es wichtig, ein Reduktionsgas zu erzeugen, welches reich ist an reduzierenden Komponenten, d.h. H_2 und CO und arm an CO_2 und H_2O. Auch der Abbau des Erzsauerstoffes durch Anwendung von festen Reduktionsmitteln geschieht über die Gasphase.[1)] Die Umsatzgeschwindigkeit in einem mit festen Brennstoffen arbeitenden Reduktionsdrehrohrofen wird durch die Vergasungsgeschwindigkeit der zugegebenen Kohle bestimmt.[2)] Daher wird man stets bemüht sein, eine reaktionsfreudige Kohle, wie z.B. Braunkohle zu verwenden.

Wird zur Reduktionsgasherstellung ein reaktionsträger, fester fossiler Brennstoff verwendet und die Vergasung z.B. mit Hilfe von kostengünstiger Prozeßwärme aus Kernreaktoren bei Temperaturen um 1000 °C durchgeführt, ist es vorteilhaft, Katalysatoren zu benutzen, damit die Vergasungsreaktionen optimal ablaufen können.

Ein wirtschaftlicher Katalysator ist Soda. In den Reaktor als Katalysator eingesetzte Soda soll durch einen möglichst einfachen Vorgang zurückgewonnen werden. Der Hochofenprozeß bildet ein gutes Beispiel hierfür. Die in den unteren Zonen des Hochofens, wie z.B. in der Rast und im Gestell verdampfenden Alkalien schlagen sich auf dem kälteren Möller im oberen Teil des Schachtes nieder und bilden einen Kreislauf im Hochofen.

Es ist die Aufgabe der vorliegenden Arbeit festzustellen, ob dieser Sodakreislauf auch im Reduktionsgaserzeuger, ähnlich wie im Hochofen, stattfindet.
Zunächst wird ein Überblick über die Grundlagen der Vergasung und die katalytische Beeinflussung der Vergasungsreaktionen gegeben. Anschließend werden die Versuche beschrieben, die zur Untersuchung des Alkalikreislaufs in einem Gaserzeuger durchgeführt worden sind. Ferner werden die Versuchsergebnisse mitgeteilt und diskutiert.

2. Die Vergasung fester fossiler Brennstoffe

Durch die Vergasung eines festen fossilen Brennsoffes wird dieser in einen gasförmigen und damit veredelten Brennstoff überführt. Die gasförmigen Produkte der Vergasung und deren Eigenschaften sind von der Zusammensetzung des Vergasungsmittels und des festen Brennstoffes sowie von Druck und Temperatur abhängig.[3-5] Als Vergasungsmittel dienen hauptsächlich Luft, Sauerstoff, Kohlendioxid, Wasserdampf oder Mischungen dieser Gase . Bei der Hydrovergasung, zur Gewinnung von z.B. Methan, wird Wasserstoff als Vergasungsmittel benutzt.

2.1. Zur Thermodynamik der Vergasung

Bei der Vergasung von Kohlenstoff mit Luft bzw. Sauerstoff sind folgende Reaktionen denkbar:

$$C + 1/2\ O_2 \rightleftharpoons CO \qquad (1)$$
$$C + O_2 \rightleftharpoons CO_2 \qquad (2)$$
$$C + CO_2 \rightleftharpoons 2\ CO \qquad (3)$$

Die Umsetzung des Kohlenstoffes mit Wasserdampf erfolgt je nach Reaktionsbedingungen über

$$C + H_2O \rightleftharpoons CO + H_2 \qquad (4)$$
$$C + 2\ H_2O \rightleftharpoons CO_2 + 2\ H_2 \qquad (5)$$

Bei niedrigen Temperaturen kann die Reaktion zwischen Kohlenstoff und Wasserstoff zur Methanbildung führen.

$$C + 2\ H_2 \rightleftharpoons CH_4 \qquad (6)$$

Die Hauptvergasungsreaktionen sind die Boudouardreaktion (Gl.3), die heterogene Wassergasreaktion (Gl.4) und die Methanbildungsreaktion (Gl.6). Die Gleichgewichtskonstanten dieser Reaktionen

$$K_{p_B} = \frac{p^2_{CO}}{p_{CO_2}} = \frac{v^2_{CO}}{v_{CO_2}} \, P \qquad (7)$$

$$K_{p_W} = \frac{p_{H_2}\, p_{CO}}{p_{H_2O}} = \frac{v_{H_2}\, v_{CO}}{v_{H_2O}} \, P \qquad (8)$$

und

$$K_{p_M} = \frac{p_{CH_4}}{p^2_{H_2}} = \frac{v_{CH_4}}{v^2_{H_2}} \, \frac{1}{P} \qquad (9)$$

sind in Bild (1) als Funktion der Temperatur dargestellt.[6] Man sieht daraus, daß für die Herstellung eines an CO und H_2 reichen Reduktionsgases hohe Temperaturen erforderlich sind. Die Druckerhöhung führt zur Leistungssteigerung.[7] Dadurch werden jedoch die Anteile an CO_2, H_2O und CH_4 im Reduktionsgas erhöht. Die Gehalte an CO_2 und H_2O erhöhen den Sauerstoffdruck des Gases und verschlechtern auf diese Weise seine Reduktionseigenschaften. Die Anwesenheit von CH_4 beeinträchtigt den Wärmehaushalt des Prozesses.

2.2. Zur Kinetik der Vergasung

Die heterogenen Reaktionen der Vergasung fester Brennstoffe mit gasförmigen Vergasungsmitteln laufen in einer Reihe von Diffusionsvorgängen und chemischen Umsetzungen ab. Der Zusammenhang zwischen Gesamtgeschwindigkeit einer heterogenen Reaktion und der Temperatur ist durch die Arrheniussche Darstellung von lg k_{eff} über $\frac{1}{T}$ in Bild (2) veranschaulicht.[8-11] Nach dieser Darstellung ergeben sich drei Haupt- und zwei Übergangszonen.

In Zone 1 ist die Geschwindigkeit der chemischen Reaktion wegen der niedrigen Temperaturen dort gering, und bestimmt damit die Umsatzgeschwindigkeit. Die Diffusion des Gases ist so schnell, daß praktisch keine Konzentrationsgradienten entstehen und sich die Gesamtoberfläche des Brennstoffes an der Reaktion beteiligt. In dieser Zone gilt

$$k_{eff} = k\, m_c \qquad (10)$$

mit

$$k = f \exp - \frac{A}{RT} \qquad (11).$$

Es sind

k_{eff} die auf die Volumeneinheit bezogene Geschwindigkeitskonstante in s^{-1},

k die Reaktionsfähigkeit des Brennstoffes in $cm^3\, g^{-1}\, s^{-1}$,

m_c die Brennstoffmasse je cm^3 Generatorraum in $g\, cm^{-3}$,

f Häufigkeitsfaktor,

A die Aktivierungsenergie in $cal\, mol^{-1}$,

R die allgemeine Gaskonstante = 1,986 in $cal\, mol^{-1}\, grd^{-1}$ und

T die absolute Temperatur in K .

In Zone 2 bestimmt der Transport des Gases durch die Poren, wegen des großen Diffusionswiderstandes, den Gesamtumsatz. Innerhalb des reagierenden Partikels bildet sich ein Konzentrationsgefälle des Vergasungsmittels, so daß sich die Gesamtoberfläche an der Reaktion nicht beteiligen kann. Deshalb muß man hier einen Nutzungsgrad ($\eta < 1$) verwenden.
Gl. (10) nimmt dann die Form:

$$k_{eff} = \eta\, k\, m_c \qquad (12)$$

an.

Bei hohen Temperaturen in Zone 3 bestimmt die Randschicht der Dicke δ den Gesamtumsatz. Die Konzentration des Vergasungsmittels sinkt bis auf Null an der äußeren Oberfläche des reagierenden Partikels ab. In dieser Zone gilt:

$$k_{eff} = \frac{FD}{\delta} \qquad (13).$$

Für alle Zonen gilt die geschlossene Beziehung:

$$k_{eff} = \frac{1}{\frac{\delta}{FD} + \frac{1}{\eta k m_c}} \qquad (14),$$

wobei

F die geometrische Brennstoffoberfläche je cm^3 des Generatorraumes,

D den Diffusionskoeffizienten in $cm^2 s^{-1}$ und

δ die Dicke der Randschicht in cm bedeuten.

Aus den oben erwähnten thermodynamischen und kinetischen Grundlagen der Vergasung geht hervor, daß man bei der Vergasung von festen fossilen Kohlenstoffträgern, die keine hohe Reaktionsfähigkeit besitzen, bei hohen Temperaturen arbeiten muß, um den Reaktionsverlauf günstig zu gestalten und die Gasqualität zu verbessern. Andererseits kann man Katalysatoren verwenden, um eine optimale Reaktionsfähigkeit zu erhalten.

3. Katalytische Beeinflussung der Vergasung fester fossiler Brennstoffe

Die Vergasung von Kohlenstoff mit CO_2 nach der Boudouardreaktion ist ein wichtiger Vorgang bei metallurgischen Prozessen, die mit festen fossilen Brennstoffen arbeiten, wie z.B. der Hochofen und der Drehrohrofen. Im Falle des Hochofens wird Koks mit geringer Reaktionsfähigkeit bevorzugt, um eine wirtschaft-

liche Ausnutzung des Brennstoffes im Hochofen selbst zu ermöglichen. Beim Drehrohrofen wird der Gesamtumsatz durch die Geschwindigkeit der Vergasung des Kohlenstoffes mit dem durch die Reduktion des Eisenerzes entwickelten CO_2 bestimmt.[2)] Daher ist man auf die Anwendung von reaktionsfähigen Brennstoffen, wie z.B. Braunkohle angewiesen.
Die Vergasung von reaktionsträgen Brennstoffen kann durch Zusatz von Katalysatoren wesentlich beschleunigt werden. Der Einfluß von verschiedenen Zusätzen auf die Geschwindigkeit der Vergasungsreaktionen von Kohlenstoff ist an mehreren Stellen in der Literatur veröffentlicht worden.

Zu den ersten ausführlichen Arbeiten auf diesem Gebiet gehört der Beitrag von C. Kröger,[12)] der sich mit der Wirkung von anorganischen Katalysatoren bei der Kohlenstoffvergasung mit Luft, Kohlendioxid und Wasserdampf befaßt hat. Kröger deutete an, daß der Zusatz einiger anorganischer Verbindungen, die unter Umständen auch in der Brennstoffasche vorhanden sind, die Vergasungsvorägnge beschleunigt. In diesem Zusammenhang ist der Einfluß der Alkalisalze insbesondere Kalium und Natrium augenfällig. Die promovierende Wirkung der Alkalien auf die Vergasungsreaktionen ist seit mehreren Jahrzehnten bekannt.[13)]

H. Harker[14)] versuchte einen Mechanismus aufzuzeigen, um den katalytischen Einfluß der Alkalien auf die Vergasung von Kohlenstoff zu deuten und die Art des geschwindigkeitsbestimmenden Schrittes zu klären. Die Rolle des sogenannten Oberflächenoxides, das sich gleichzeitig mit gasförmigen Produkten bildet, ist erörtert worden. Auch die Herabsetzung der Zündtemperatur durch Alkalizusatz wurde untersucht, wobei ein "Sättigungspunkt" erreicht wird, nach dessen Überschreitung eine Erhöhung der Alkalimenge keinen Einfluß mehr auf die Zündtemperatur hat. Dabei wird auf die unterschiedlichen Wirkungen hingewiesen, die die Zusätze bei der Zündtemperaturerniedrigung und bei der Reaktion zwischen Kohlenstoff und Kohlendioxid haben.

Die Reaktionen des Kohlenstoffes mit oxidierenden Gasen unter dem katalytischen Einfluß von Eisen-, Cobalt- und Nickelverbindungen sind von Gallagher und Harker [15] untersucht worden. Sie haben den Einfluß dieser Zusätze sowohl auf die Zündtemperaturerniedrigung als auch auf den Umsatz zwischen Kohlenstoff und Kohlendioxid geprüft und stellten fest, daß die Wirkung dieser Zusätze nicht in beiden Fällen identisch ist.

Heintze und Parker [16] erforschten die Wirkung verschiedener Verunreinigungen im Graphit auf dessen Oxidationsverhalten.

Die Untersuchungen von Rakszawski und Parker [17] haben sich mit der Feststellung der promovierenden bzw. inhibierenden Wirkung der Elemente der Gruppen III A bis VI A im Periodensystem und deren Oxide befaßt.

Die Beeinflussung der Vergasung von verschiedenen Koksen, z.B. Braunkohlen-, Gas- und Steinkohlenkoks mit Kohlendioxid durch Zugabe der Alkalicarbonate: Li_2CO_3, Na_2CO_3, K_2CO_3, Rb_2CO_3 und Cs_2CO_3 ist im Zusammenhang mit der Verwendung dieser Brennstoffe für metallurgische Zwecke von W. Wenzel, M. Meraikib und F.H. Franke [18] untersucht worden. Aus den Meßergebnissen wurden Häufigkeitsfaktoren, Aktivierungsenergien und -entropien im Bereich des Oberflächenmaximums ermittelt. Ferner wurden bezogene Geschwindigkeitskonstanten bestimmt. Die Ergebnisse lassen erkennen, daß sich der Braunkohlenkoks durch die obigen Zusätze in seiner Reaktionsfähigkeit nur geringfügig beeinflussen läßt, was auf seine natürliche hohe Reaktionsfähigkeit zurückzuführen ist. Der Gaskohlenkoks läßt sich stärker beeinflussen, da seine Reaktionsfähigkeit geringer ist. Die Wirkung der eingesetzten Katalysatoren auf den Steinkohlenkoks ist am größten, da seine Reaktivität am niedrigsten ist.

Im Rahmen der Verwendung von Prozeßwärme aus Hochtemperatur-Kernreaktoren zur Vergasung von fossilen festen Brennstoffen in einem Badgenerator [19], wurde der Einfluß von Metalldämpfen (Zinn, Antimon, Thallium und Blei) auf die Reaktionsfähigkeit verschiedener Kohlenstoffträger geprüft.[20] Die Versuche wurden in einem Temperaturbereich durchgeführt, in dem die Geschwindigkeit der chemischen Reaktion den Gesamtumsatz bestimmt. Abhängig von der Temperaturlage und der Zusammensetzung der Brennstoffasche zeigen die gewählten Metalldämpfe eine promovierende oder inhibierende Wirkung auf die Vergasungsvorgänge.

F.H. Franke und M. Meraikib[21] haben den katalytischen Einfluß von Alkalien auf die Vergasung von Kohlenstoff untersucht. Bei der Vergasung von Hochofenkoks mit Luft wurde gezeigt, daß die katalytische Wirkung von Natriumcarbonat erst merklich wird, wenn dieses schmilzt. Wie aus Bild (3) hervorgeht, liegt das Optimum des Sodazusatzes bei etwa 2,5% bezogen auf das Koksgewicht. Diese Grenze wird mit der Sättigung an Elektronenkonzentration begründet. Bei Temperaturen zwischen 800 und 1000 °C hat die Soda ihren höchsten katalytischen Einfluß. Bei höheren Temperaturen ist die Wirkung von Soda geringer, da die Reaktivität der Kohle durch Temperaturerhöhung gesteigert wird.

Wie bereits erwähnt wurde, wird der Gesamtumsatz bei der Erzeugung von Eisenschwamm unter Einsatz von festen fossilen Brennstoffen, z.B. im Drehrohrofen durch die Regenerierung des entstandenen Gases aus den Reduktionsvorgängen bestimmt. Deshalb kann der Prozeß beschleunigt werden, wenn ein reaktionsfreudiger Brennstoff verwendet oder wenn die Boudouardreaktion katalytisch beeinflußt wird.

Die Wirkung von Katalysatoren auf die Reduktion von Eisenoxiden mit festem Kohlenstoff ist von verschiedenen Autoren behandelt worden.

Williams und Ragatz [22] haben den Einfluß von Natriumcarbonat auf die Geschwindigkeit der Reduktion von Eisenerzen mit metallurgischem Koks bei Temperaturen von 800 bis 950 °C untersucht. Nach diesen Versuchen liegt die größte Wirkung bei etwa 900 °C, wenn die Mischung 14% Natriumcarbonat (bezogen auf das Gewicht des Kokses) enthält.

Dieselben Verfasser [23] haben die Wirkung mehrerer Katalysatoren auf die Reduktion magnetischer Erze mit festen Kohlenstoffträgern bei 900 °C geprüft. Von den eingesetzten Carbonaten der Alkalien und Erdalkalien haben sich Natrium- und Kaliumcarbonat als wirksamste Katalysatoren ausgezeichnet.

Zhuravleva, Bogoslovskii und Chufarov [24] untersuchten den Einfluß von Kalium- und Natriumcarbonatzusätzen auf die Reduktion von Nickel- und Cobaltferriten mit Graphit. Es ergab sich, daß die Reduktionsgeschwindigkeit von Nickelferrit bei 950 °C durch Zugabe von 1% K_2CO_3, bezogen auf das Gewicht des Ferrits, etwa 100 mal so hoch liegt, wie die Geschwindigkeit ohne Zusatz. Der Einfluß von Natriumcarbonat ist geringer als der des Kaliumcarbonates. Die Sauerstoffabbaugeschwindigkeit bei der Reduktion von Cobaltferrit steigt um das Zehnfache durch den Einsatz von Kaliumkarbonat; Natriumcarbonat hat nur einen geringfügigen Einfluß.

Nach Ansicht dieser Verfasser zersetzen sich die zugesetzten Carbonate. Die dadurch entstandenen Oxide werden an der Oberfläche der zu reduzierenden Oxide adsorbiert und tauschen ihre Elektronen mit diesen aus. Dadurch wird die Konzentration der Elektronenwolke und der Leerstellen geändert mit dem Ergebnis einer Änderung in der Reaktionsfähigkeit der Oxide und Ferrite.

Lisnyak und Chufarov [25] haben eine Arbeit über die Wirkung von Kaliumcarbonat auf die Reduktion von Magnetit mit Graphit veröffentlicht. Der Hintergrund für diese Versuche war die Frage, inwieweit die Reduktion des Metalloxides durch CO oder die

Boudouardreaktion durch den Katalysator beschleunigt wird. Die Ergebnisse zeigen, daß die günstige Wirkung des Katalysators nur dann erzielt wird, wenn er dem zu reduzierenden Oxid zugegeben wird. Gibt man das Kaliumcarbonat dem Graphit zu, so bleibt die Reduktionsgeschwindigkeit unbeeinflußt.

Der Einfluß der Carbonate von Alkali- und Erdalkalimetallen auf die Reduktion von Eisenoxiden mit Graphit wurde von Zhuravleva, Chufarov und Khromykh [26] behandelt. Bei der Reduktion von Magnetit zeigen die Rubidium- und Caesiumcarbonate einen promovierenden Einfluß, der vor allem in den Anfangsstadien des Reduktionsprozesses auffallend groß war. Die katalytische Wirkung des Strontiumcarbonates kommt hauptsächlich bei der Reduktion des Wüstits zu Eisen zutage. Lithiumcarbonat hat nur eine geringfügige Wirkung auf die Reduktion. Bei der Reduktion von Wüstit mit Graphit wurde festgestellt, daß Lithiumcarbonat praktisch keinen Einfluß hat. Strontiumcarbonat beschleunigt die Reduktion merklich. Caesiumcarbonat wie auch Kaliumcarbonat beschleunigen die Reduktion besonders stark im Anfangsstadium.

Moritz [1] fand, daß bei der Reduktion von synthetischem Fe_2O_3 und natürlichen Erzen mit Holzkohle ein Zusatz von Kalium- und Natriumcarbonat den Umsatz beschleunigt; dagegen beeinflußt Calciumcarbonat den Prozeß nur unwesentlich. Im Falle des Kaliumcarbonats genügt bereits ein Zusatz von etwa 3% (bezogen auf die Kohlenstoffmenge), um einen maximalen Effekt zu erzielen. Bei Anwendung von Natriumcarbonat werden ca. 5 bis 7% benötigt, um den maximalen Umsatz zu erreichen. Die katalytische Wirksamkeit der beiden Salze setzt bereits bei 750 °C und darunter ein. Diese niedrige Temperatur beruht auf der Herabsetzung der Schmelztemperatur der reinen Salze durch ihre Reaktion mit der Gangart bzw. mit der Kohlenasche.
Nach Moritz wird die Beschleunigung des Gesamtumsatzes durch die katalytische Beeinflussung der Regenerationsreaktion hervorgerufen und

nicht durch die Aktivierung der Oberfläche des zu reduzierenden Oxides, wie an anderer Stelle behauptet wird[24].

Naeser und Dautzenberg[27] haben die Wirkung einer chemischen und mechanischen Aktivierung auf das Reduktionsverhalten von Eisenoxiden mit festem Kohlenstoff untersucht. Die Ergebnisse dieser Arbeit sollten zeigen, inwieweit sich der Drehrohrofenprozeß durch diese Aktivierung beschleunigen läßt. Es wurde festgestellt, daß sich der Zusatz von Kaliumcarbonat zum Erz stärker auswirkt, zum Koks dagegen weniger. Allerdings zeigt die mechanische Aktivierung bei Koks stärkere Einflüsse als bei Erz. Das Optimum wird erreicht, wenn die beiden Hauptkomponenten im Drehrohrofen, d.h. das Erz und der Koks chemisch und mechanisch aktiviert werden. Durch diese Behandlungsweise fällt die Reaktionszeit z.B. bei einer Reaktionstemperatur von 1000 °C von mehreren Stunden auf etwa 30 Minuten ab.

Rao und Jalan[28] haben den katalytischen Effekt von Lithiumoxid sowohl auf die Vergasung von Kohlenstoff mit CO_2 als auch auf die Reduktion von Zinkoxid mit Kohlenstoff untersucht. Bei der Boudouardreaktion wurde die Aktivierungsenergie durch Zusatz des Katalysators von 66 kcal/mol auf 15 kcal/mol gesenkt; die Dauer der vollständigen Reaktion fiel bei 1020 °C von 3 Stunden auf 15 Minuten ab. Bei der Reduktion von Li_2O-haltigen Zinkoxidpellets mit festem Kohlenstoff ist eine ähnliche Wirkung des Katalysators festgestellt worden. Es wird abgeleitet, daß der geschwindigkeitsbestimmende Schritt in diesem Falle die Boudouardreaktion ist.

Für die Wirtschaftlichkeit der Anwendung von Katalysatoren bei metallurgischen Prozessen, ist die Frage der Rückgewinnung des Katalysators wesentlich. Das einfachste Modell zur Rückgewinnung der Alkalikatalysatoren ist der Hochofen, in dem sich die Alkalien in den Hochtemperaturzonen verflüchtigen und in den kälteren Teilen des Ofens an dem Möller niederschlagen. Gelangen die Alkalien wieder in die heißen Zonen, so verflüchtigen sie sich erneut und bilden somit einen Kreislauf.

4. Modellversuche zum Alkalikreislauf in einem Gaserzeuger bei gleichzeitiger Rückgewinnung des Katalysators

Im Folgenden wird die Versuchsapparatur beschrieben und die erzielten Ergebnisse werden mitgeteilt.

4.1. Beschreibung der Versuchsanlage

Die Versuche wurden mit der in Bild (4) schematisch dargestellten Apparatur durchgeführt. Der Ofen wurde elektrisch beheizt; das Unterteil war wärmeisoliert. Die Heizwicklung bestand aus Kanthaldraht und wurde nur am unteren Ende des keramischen Rohres auf einer Strecke von etwa 200 mm angebracht. Dieses Rohr war ca. 1000 mm lang und hatte eine lichte Weite von 100mm. Als Reaktor diente ein Rohr aus hitzebeständigem Stahl (Gesamtlänge etwa 1200 mm und lichte Weite 80 mm), das vom Keramikrohr umgeben war und nur am unteren Teil beheizt wurde. Die oberen Zonen im Reaktor blieben unbeheizt und ohne Isolation, damit sich die Katalysatordämpfe in diesen Zonen niederschlagen konnten. Die Temperatur wurde mit einem Thermoelement (NiCr-Ni) entlang des Reaktionsrohres gemessen, da sich das Thermoelement durch die Reaktormitte frei bewegen ließ. Die durch Glaswolle, Kieselgel und Calciumchlorid eingeleitete und auf diese Weise weitgehend getrocknete Vergasungsluftmenge wurde mit einem Schwebekörpermesser erfaßt und durchströmte die Schüttung in dem Reaktor. Der feuerfeste Anströmboden am unteren Ende des Reaktors sorgte für eine gleichmäßige Verteilung der Luft durch die Schüttung. Da die Schmelztemperatur der Koksasche durch den Natriumcarbonatkatalysator herabgesetzt wurde, mußte ein mit Quecksilber gefülltes U-Rohr am Reaktor angeschlossen werden, um eventuelle Störungen der Gasströmung durch die Erweichung der Asche zu überwachen. Das Produktgas wurde durch vier hintereinander geschaltete Waschflaschen hindurchgeleitet, die destilliertes Wasser enthielten und zur Auswaschung vom eventuell aus dem Reaktor mit dem Gas ausgetragenen Katalysator sorgten. Dann wurde es analysiert und abgefackelt.

4.2. Versuchsdurchführung

Es wurde metallurgischer Koks der Korngröße 1 bis 3 mm mit Soda gemischt und mit Luft vergast. Die Koksmenge je Versuch betrug 2 500 g. Auf dem keramischen Anströmboden lag eine dünne Schicht von 50 g Koks. Nach ihrer Vergasung blieb die Asche zurück und verhinderte einen direkten Kontakt zwischen der Soda und dem Anströmboden und schützte ihn auf diese Weise vor einem Umsatz mit Soda. Auf diese Koksschicht wurde eine Mischung aus 50 g Koks und 62,5 g Soda (2,5% Soda bezogen auf das Gesamtkoksgewicht) aufgebracht. Die Soda wurde nur in den unteren Teil des Reaktors eingegeben, da man hier die gewünschte Reaktionstemperatur einstellen konnte. Auf dieser Mischung lag die restliche Koksmenge von 2 400 g. Die Gesamthöhe der Schüttung betrug etwa 1 000 mm. Der Reaktor wurde in den Ofen geschoben und mit ca. 200 $^{\circ}C$ je Stunde auf die Versuchstemperaturen aufgeheizt. Die gewählten Temperaturen waren 850, 900, 950, 1 000, 1 050 und 1 100 $^{\circ}C$. Nachdem diese Reaktionstemperaturen erreicht worden waren (die letzten 20 Grad wurden bei gleichzeitigem Lufteinblasen in die Schüttung erzielt), wurde der Versuch mit unterschiedlichen Reaktionszeiten durchgeführt: 0, 60, 120, 180 oder 240 Minuten. Die eingeblasene Luftmenge betrug bei den meisten Versuchen 0,75 Nm^3 Luft je Stunde. Da sich das Thermoelement in dem Reaktor frei bewegen ließ, konnte das Temperaturprofil entlang der Schüttung gemessen werden. Die Soda schmolz in der Reaktionszone, die elektrisch beheizt wurde. Die entstandenen Alkalidämpfe schlugen sich in den kälteren oberen Zonen am Koks nieder, da hier keine Außenbeheizung erfolgte. Der Reaktor wurde aus dem Ofen herausgenommen und an der Luft abgekühlt. Es wurden dann 100 mm dicke Koksschichten von oben nach unten abgetrennt. Die vergaste Koksmenge änderte sich mit der Versuchstemperatur und -dauer. Entsprechend der verbleibenden Koksmenge änderte sich die Zahl der Proben. Die aus dem Reaktor zuletzt herausgenommene Probe bestand aus der nach Herausnahme der 100 mm dicken Schichten verbleibenden Restkoksmenge und Asche. Die Proben wurden von unten nach oben nummeriert, so daß die lezte Probe die Ziffer 1 in den Bildern hat.

Die so entnommenen Proben wurden mit destilliertem Wasser einzeln gekocht und abfiltriert. Dieser Prozeß wurde so oft wiederholt, bis das Filtrat praktisch keinen Katalysator mehr enthielt (keine Färbung von Phenolphthalein mehr). Die Filtrate jeder Probe wurden zusammen auf 500 ml eingedampft. Eine bestimmte Menge (100 ml) wurde aus dem Filtrat mit einer Pipette entnommen, in einer Nickelschale abgedampft und der Rückstand abgewogen. In einem Teil dieses Rückstandes wurde Kieselsäure gravimetrisch bestimmt, ein anderer Teil diente nach Auflösung in Salzsäure und Flußsäure in einer Platinschale zur flammen-photometrischen Bestimmung von Natrium. Der Natriumgehalt im Filtrat wurde auch noch nach einer anderen Methode bestimmt. In einem abgemessenen Teil des Filtrates wurde Natrium in der Lösung gegen Schwefelsäure (0,01 n) unter Verwendung von Phenolphthalein als Indikator titriert. In beiden Fällen wurde die äquivalente Menge an Natriumcarbonat aus dem Natriumgehalt errechnet.

Bei allen Versuchen konnten praktisch keine Natriumverbindungen in den Waschflaschen festgestellt werden, und infolgedessen hat das Produktgas den Katalysator nicht aus dem Reaktor mitgerissen.

5. Ergebnisse und Diskussion

Der Temperaturverlauf ist als Funktion der Reaktorhöhe in den Bildern 5 bis 14 für die dort angegebenen Versuchstemperaturen und Reaktionszeiten dargestellt. Aus diesen Bildern geht hervor, daß der Unterteil des Reaktors, in dem sich die zugegebene Soda befindet, die festgelegte Versuchstemperatur aufweist. Die abgebildeten Temperaturprofile zeigen mit der Reaktorhöhe abfallendeVerläufe, da die höheren Schichten der Koksschüttung nur durch den Wärmeaustausch zwischen dem Gas und der Schüttung beheizt wurden. Außerdem war nur der Unterteil der Apparatur wärmeisoliert, damit die Wärmeverluste im Oberteil die Bildung des Temperaturprofils begünstigen konnten.

Die Bilder 15 bis 20 zeigen die Sodaverteilung in Abhängigkeit von der Reaktorhöhe für verschiedene Versuchstemperaturen und -dauern. Aus diesen Bildern ist ersichtlich, daß die Soda verdampft, die nur im Hochtemperaturteil des Reaktors liegt. Die Alkalidämpfe schlagen sich in den höheren kälteren Zonen der Schüttung am Koks nieder. In diesen Zonen wurde vor Versuchsbeginn keine Soda eingesetzt.

In Bild (21) ist der Sodaverlust als Fuktion der Versuchstemperatur nach einer Versuchsdauer von 240 Minuten aufgetragen. Es zeigt sich, daß die Sodaverluste mit steigender Temperatur zunehmen. Dies beruht darauf, daß die Vergasungsgeschwindigkeit des Kokses durch die Temperaturerhöhung begünstigt wird. Die verbleibende saure Koksasche (Analyse in Tafel 1) setzt sich mit

Tafel 1

Chemische Analyse der Koksasche:
(Aschegehalt im Koks: 8,7%)

Bestandteil	Gew. %
SiO_2	43,4
Al_2O_3	26,2
Fe_2O_3	23,0
CaO	2,8
MgO	1,2
P_2O_5	0,5
SO_3	2,5

dem Alkali um und bildet Verbindungen, wie z.B. Natriumsilikate.

Bild (22) zeigt die Sodaverluste als Funktion der Reaktionsdauer bei verschiedenen Versuchstemperaturen. Diese Verluste steigen durch eine Verlängerung der Reaktionszeit und eine Erhöhung der Reaktionstemperatur. Beide Faktoren begünstigen die Bildung von Verbindungen aus saurer Asche und Natrium.

Bild (23) veranschaulicht den Sodaverlust in Abhängigkeit vom Luftdurchsatz bei einer Versuchstemperatur von 1050 °C. Die Versuchsdauer lag bei 120 Minuten. Höhere Luftdurchsätze bewirken die Erhöhung der umgesetzten Koksmenge. Die durch die Reaktion des Kokses mit der Luft frei gewordene Asche verursacht die Sodaverluste durch mögliche Verbindungen. Im allgemeinen können die Sodaverluste herabgesetzt werden, wenn die Basizität der Asche, z.B. durch Zugabe von Kalk erhöht wird.[29,30]

Aus den Versuchsergebnissen kann gefolgert werden, daß die Soda, die einem Festbettvergaser als Katalysator zugegeben wird, einen Kreislauf in dem Gaserzeuger bildet. Die Soda kann auf diese Weise zurückgewonnen werden. Nur die entstehenden Verluste brauchen durch Zusatz neuer Soda ausgeglichen zu werden.

6. Zusammenfassung

Bei der Herstellung von Reduktionsgasen für die Eisenschwammgewinnung wird davon ausgegangen, daß das Produktgas möglichst reich an reduzierenden und arm an oxidierenden Komponenten sein muß. Die thermodynamischen und kinetischen Grundlagen der Vergasung von festen Kohelnstoffträgern wurden kurz erörtert. Daraus ergab sich, daß für die Erzeugung von Reduktionsgasen mit hohen Anteilen an reduzierenden Komponenten hohe Temperaturen und niedrige Drucke notwendig sind. Bei der Verwendung von kostengünstiger Prozeßwärme aus Kernreaktoren zur Vergasung müssen reaktionsfähige Brennstoffe eingesetzt oder Ktalysatoren zu Hilfe genommen werden. Eine Literaturübersicht über den Einfluß verschiedener Katalysatoren auf die Vergasung von bzw. Reduktion mit Kohlenstoff wurde angegeben.

Versuche zur Rückgewinnung des Sodakatalysators bei der Vergasung von Koks mit Luft wurden ausführlich beschrieben und die Ergebnisse mitgeteilt. Dabei ergab sich, daß sich Temperaturprofile entlang der Schüttung bilden. Sie begünstigen die Entstehung eines Katalysatorkreislaufes im Gaserzeuger. Der Katalysator kann auf diese Weise zurückgewonnen werden. Die entstehenden Verluste sind als Funktion der Zeit und der Temperatur angegeben und können durch Änderung der Basizität der Brennstoffasche beeinflußt werden.

7. Schrifttum

(1) Moritz, V.
Diss. RWTH Aachen 1967

(2) Bogdandy, L. von und H.-J. Engell
The Reduction of Iron Ores, Scientific Basis and Technology
Springer-Verlag Berlin, Heidelberg, New York,
Verlag Stahleisen m.b.H. Düsseldorf (1971), S. 290

(3) Gumz, W.
Gas Producers and Blast Furnaces. Theory and Methods of Calculation
J. Wiley & Sons, Inc., New York (1950)

(4) Gumz, W.
Vergasung fester Brennstoffe, Stoffbilanz und Gleichgewicht. Eine Darstellung praktischer Berechnungsverfahren
Springer Verlag, Berlin, Göttingen, Heidelberg (1952)

(5) Schuster, F.
Gaswärme 7 (1958), S. 125/129, 186/189, 210/215, 234/238

(6) Schenck, H., W. Wenzel und M. Meraikib
Herstellung eines entschwefelten Reduktionsgases für die Eisenschwammgewinnung
Forschungsberichte des Landes NRW, Nr. 2297
Westdeutscher Verlag, Opladen (1973), S. 58

(7) Gumz, W.
Ind. Engng. Chem. 44 (1952), S. 1071/1074

(8) Wicke, E., K. Hedden und M. Roßberg
Brennst. Wärme Kraft 8 (1956), S. 264/269

(9) Roßberg, M. und E. Wicke
Chem.-Ing.-Techn. 28 (1956), S. 181/189

(10) Hedden, K.
Ullmanns Enzyklopädie der technischen Chemie, 3. Aufl.
Urban und Schwarzenberg, München (1958),Bd. 10, S. 370/73

(11) Peters, W.
Stahl u. Eisen 84 (1964), S. 979/986

(12) Kröger, C.
Angew. Chem. 52 (1939), S. 129/139

(13) Taylor, H.S. und H.A. Neville
J. Am. Chem. Soc. 43 (1921), S. 2055

(14) Harker, H.
Proc. 4th Conf. Carbon, Pergamon Press, Oxford
(1960), S. 125/139

(15) Gallagher, J.T. und H. Harker
Carbon 2 (1964), S. 163/173

(16) Heintze, E.A. und W.E. Parker
Carbon 4 (1966), S. 473/482

(17) Rakszawski, J.F. und W.E. Parker
Carbon 2 (1964), S. 53/63

(18) Wenzel,W., M. Meraikib und F.H. Franke
Stahl und Eisen 91 (1971), S. 305/308

(19) Schneider,J.
Diss. RWTH Aachen (1974)

(20) Franke, F.H., M. Meraikib und J. Nefedov
Erdöl und Kohle 24 (1971), S. 94/98

(21) Franke, F.H. und M. Meraikib
Carbon 8 (1970), S. 423/433

(22) Williams, G.C. und R.A. Ragatz
Ind. Engng. Chem. 24 (1932), S. 1397/1400

(23) Williams, G.C. und R.A. Ragatz
Ind. Engng. Chem. 28 (1936), S. 130/133

(24) Zhuravleva, M.G., V.N. Bogoslovskii und G.I. Chufarov
Proc. Acad. Sciences USSR, Chem. technol. Sect. 126 (1959)
S. 89/91

(25) Lisnyak, S.S. und G.I. Chufarov
Proc. Acad. Sciences USSR, Chem. technol. Sect. 126 (1959),
S. 93/95

(26) Zhuravleva, M.G., G.I. Chufarov und L.G. Khromykh
Proc. Acad. Sciences USSR, Chem. technol. Sect. 135 (1960),
S. 183/186

(27) Naeser, G. und N. Dautzenberg
Arch. Eisenhüttenwes. 40 (1969), S. 297/300

(28) Rao, Y.K. und B.P. Jalan
Blast Furnace Technology, Science and Practice
Ed. J. Szekely
Marcel Dekker, Inc. New York (1972), S. 77/84

(29) Askey, A. und H. Doble
Fuel Sci. Pract. 14 (1935), S. 197

(30) Ashton, J.D., C.V. Gladysz, G.H. Walker und J. Holditch
Ironmaking and Steelmaking (Quarterly) 1 (1974), S.98/104

Abbildungen

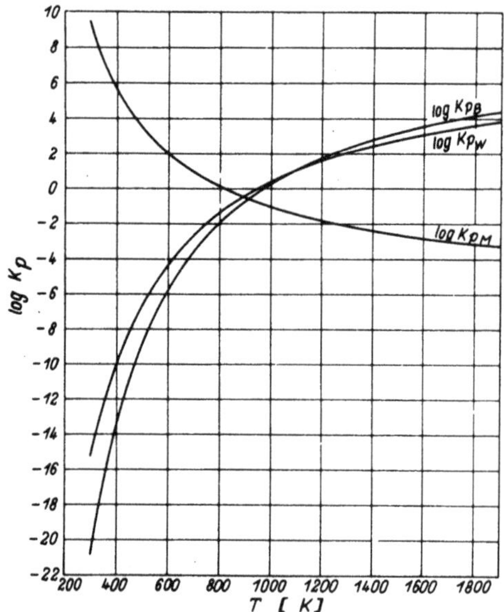

Bild 1 : Die Gleichgewichtskonstante der Boudouardreaktion Kp_B, der heterogenen Wassergasreaktion Kp_W und der Methanbildungsreaktion Kp_M als Funktion der absoluten Temperatur in einfach logarithmischer Auftragung.

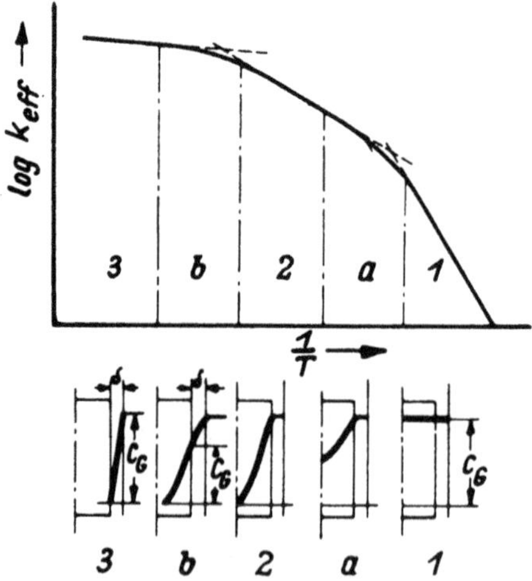

Bild 2 : Geschwindigkeitskonstante und Konzentrationsverlauf in verschiedenen Temperaturgebieten bei der Reaktion zwischen einem gasförmigen Vergasungsmittel und festem Kohlenstoff.

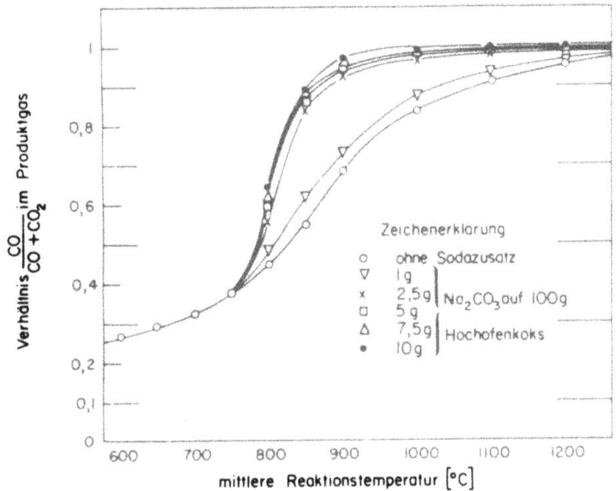

<u>Bild 3 :</u> Einfluß der Soda auf die Vergasung metallurgischen Kokses der Korngröße 1 bis 3 mm mit trockener Luft.

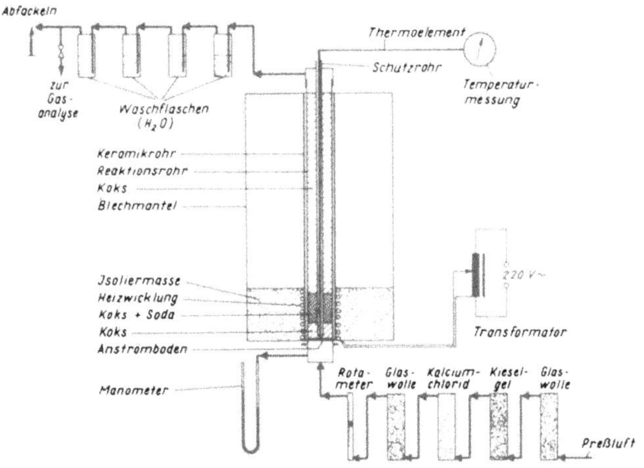

<u>Bild 4 :</u> Schema der Versuchsapparatur zur Rückgewinnung des Sodakatalysators.

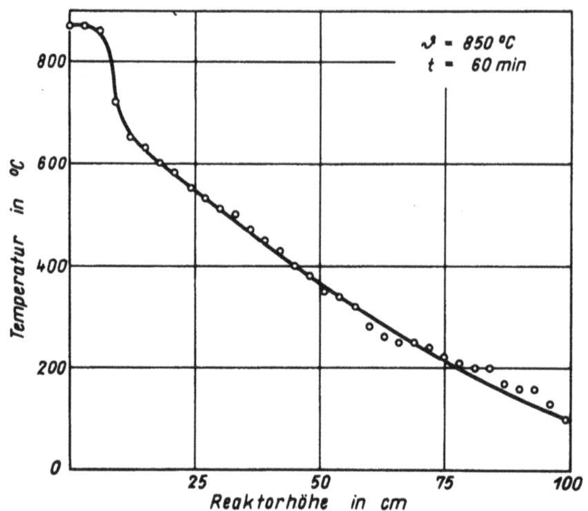

Bild 5 : Vergasung metallurgischen Kokses der Korngröße 1 bis 3 mm mit trockener Luft bei Zusatz von 2,5 Gew.-% Soda. Temperaturverlauf als Funktion der Reaktorhöhe bei einer Versuchstemperatur ϑ = 850 °C und einer Reaktionsdauer t = 60 min.

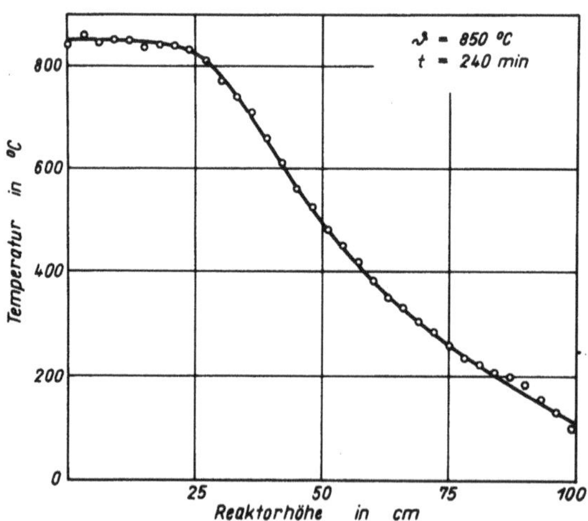

Bild 6 : Vergasung metallurgischen Kokses der Korngröße 1 bis 3 mm mit trockener Luft bei Zusatz von 2,5 Gew.-% Soda. Temperaturverlauf als Funktion der Reaktorhöhe. Versuchstemperatur ϑ = 850 °C, Reaktionsdauer t = 240 min.

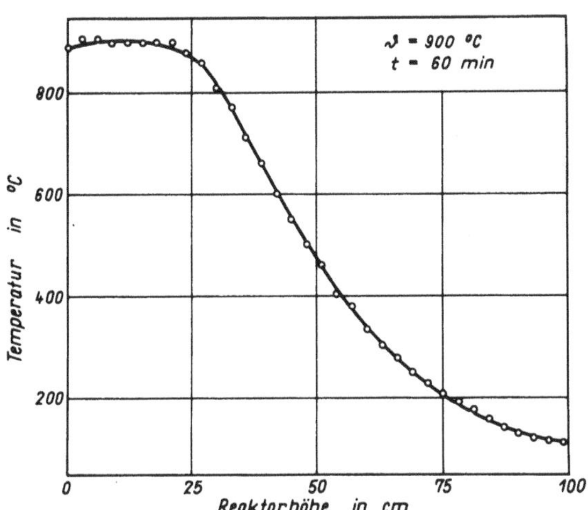

Bild 7: Vergasung metallurgischen Kokses der Korngröße 1 bis 3 mm mit trockener Luft bei Zusatz von 2,5 Gew.-% Soda. Temperaturverlauf als Funktion der Reaktorhöhe. Versuchstemperatur ϑ = 900 °C, Reaktionsdauer t = 60 min.

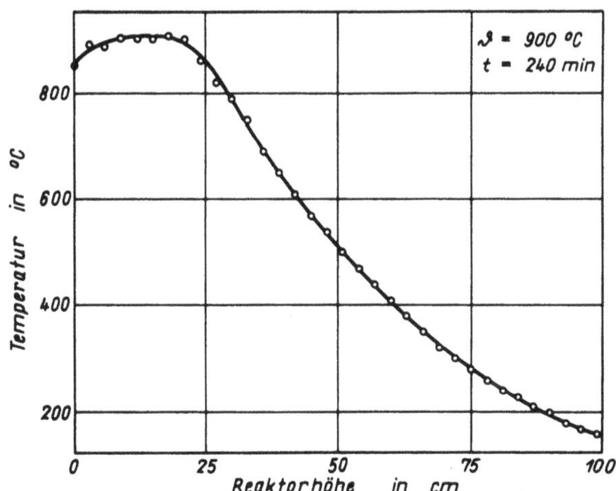

Bild 8 : Vergasung metallurgischen Kokses der Korngröße 1 bis 3 mm mit trockener Luft bei Zusatz von 2,5 Gew.-% Soda. Temperaturverlauf als Funktion der Reaktorhöhe. Versuchstemperatur ϑ = 900 °C. Reaktionsdauer t= 240 min.

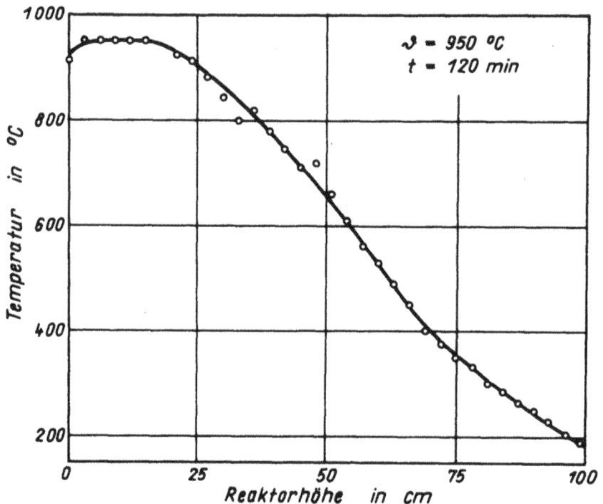

Bild 9 : Vergasung metallurgischen Kokses der Korngröße 1 bis 3 mm mit trockener Luft bei Zusatz von 2,5 Gew.-% Soda. Temperaturverlauf als Funktion der Reaktorhöhe. Versuchstemperatur ϑ= 950 °C, Reaktionsdauer t = 120 min.

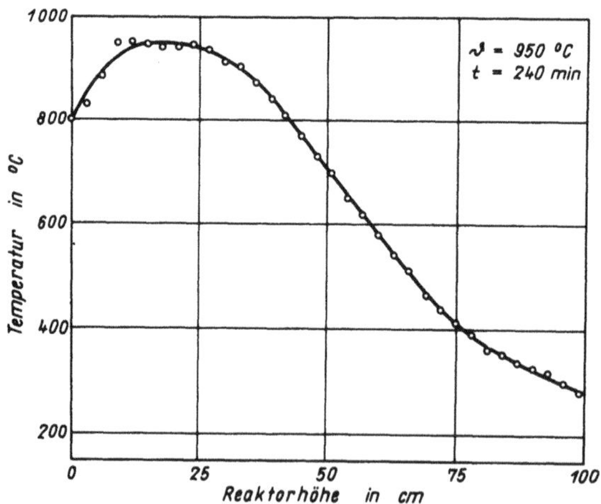

Bild 10 : Vergasung metallurgischen Kokses der Korngröße 1 bis 3 mm mit trockener Luft bei Zusatz von 2,5 Gew.-% Soda. Temperaturverlauf als Funktion der Reaktorhöhe. Versuchstemperatur ϑ= 950 °C, Reaktionsdauer t = 240 min.

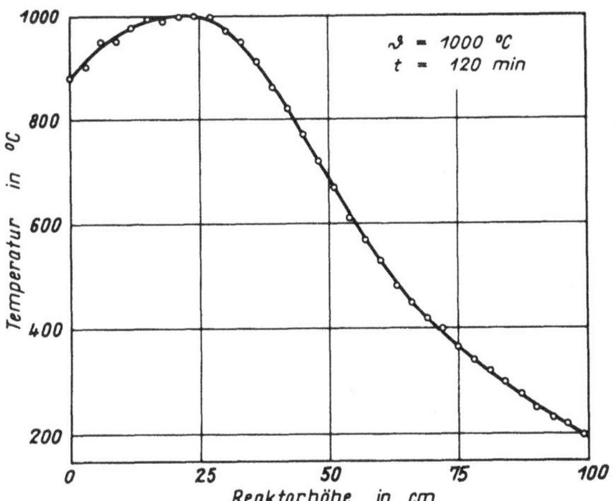

Bild 11 : Vergasung metallurgischen Kokses der Korngröße 1 bis 3 mm mit trockener Luft bei Zusatz von 2,5 Gew.-% Soda. Temperaturverlauf als Funktion der Reaktorhöhe. Versuchstemperatur ϑ = 1000 °C, Reaktionsdauer t = 120 min.

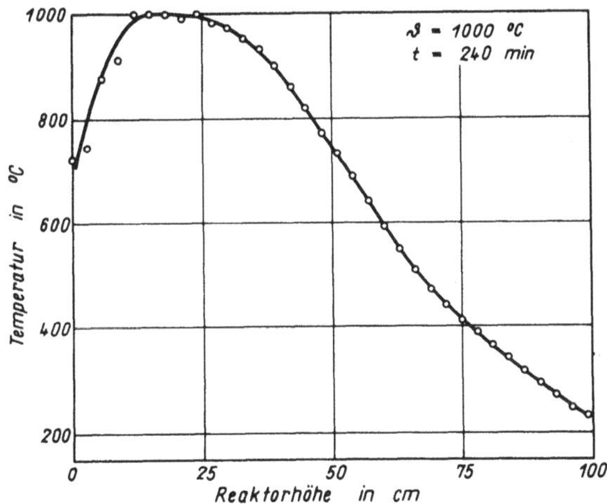

Bild 12 : Vergasung metallurgischen Kokses der Korngröße 1 bis 3 mm mit trockener Luft bei Zusatz von 2,5 Gew.-% Soda. Temperaturverlauf als Funktion der Reaktorhöhe. Versuchstemperatur ϑ = 1000 °C, Reaktionsdauer t = 240 min.

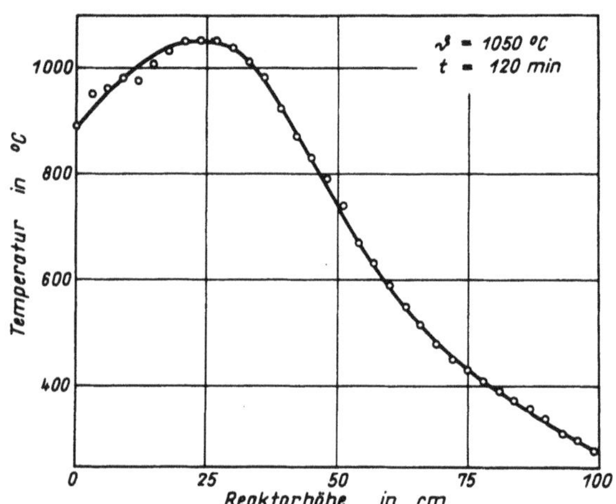

Bild 13 : Vergasung metallurgischen Kokses der Korngröße 1 bis 3 mm mit trockener Luft bei Zusatz von 2,5 Gew.-% Soda. Temperaturverlauf als Funktion der Reaktorhöhe. Versuchstemperatur ϑ = 1050 °C, Reaktionsdauer t = 120 min.

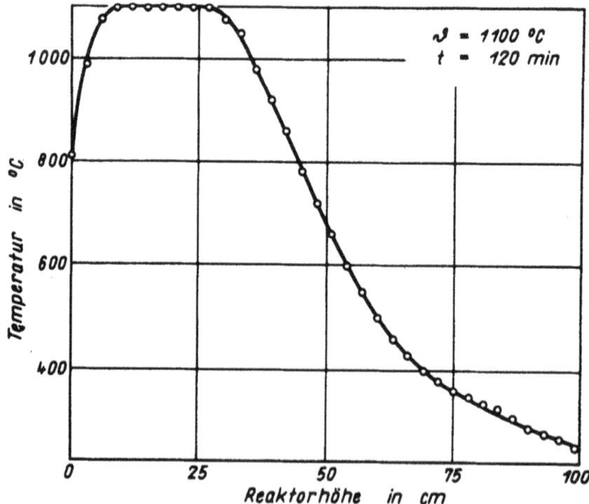

Bild 14 : Vergasung metallurgischen Kokses der Korngröße 1 bis 3 mm mit trockener Luft bei Zusatz von 2,5 Gew.-% Soda. Temperaturverlauf als Funktion der Reaktorhöhe. Versuchstemperatur ϑ = 1100 °C, Reaktionsdauer t = 120 min.

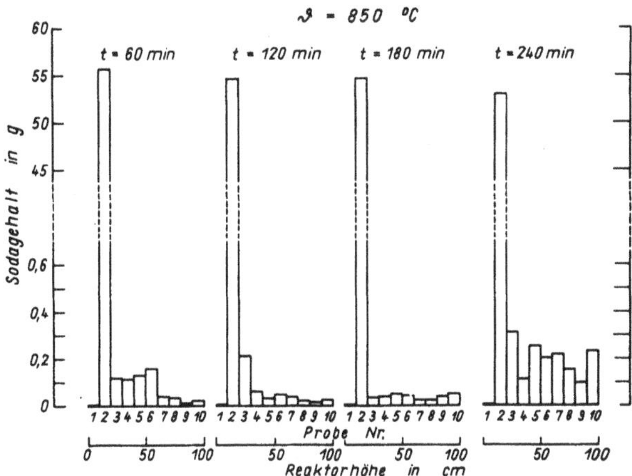

Bild 15 : Vergasung metallurgischen Kokses der Korngröße 1 bis 3 mm mit trockener Luft bei Zusatz von 2,5 Gew.-% Soda. Sodagehalt des Kokses als Funktion der Reaktorhöhe. Versuchstemperatur ϑ = 850 °C, Reaktionsdauer t = 60, 120, 180 und 240 min.

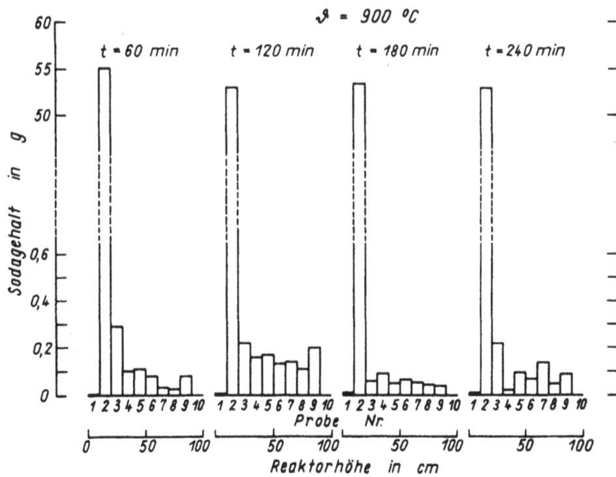

Bild 16 : Vergasung metallurgischen Kokses der Korngröße 1 bis 3 mm mit trockener Luft bei Zusatz von 2,5 Gew.-% Soda. Sodagehalt des Kokses als Funktion der Reaktorhöhe. Versuchstemperatur ϑ = 900 °C, Reaktionsdauer t = 60 , 120 , 180 und 240 min.

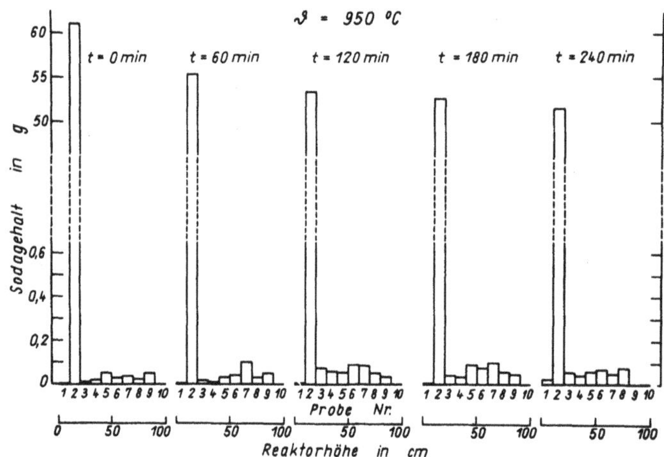

Bild 17 : Vergasung metallurgischen Kokses der Korngröße 1 bis 3 mm mit trockener Luft bei Zusatz von 2,5 Gew.-% Soda. Sodagehalt des Kokses als Funktion der Reaktorhöhe. Versuchstemperatur ϑ = 950 °C, Reaktionsdauer t = 0 , 60 , 120 , 180 und 240 min.

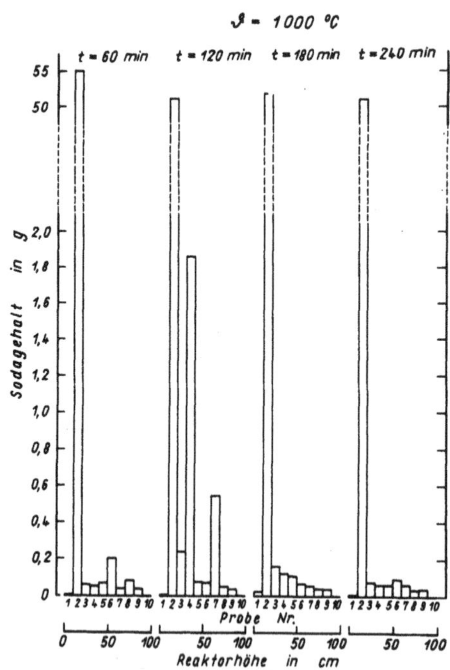

Bild 18 : Vergasung metallurgischen Kokses der Korngröße 1 bis 3 mm mit trockener Luft bei Zusatz von 2,5 Gew.-% Soda. Sodagehalt des Kokses als Funktion der Reaktorhöhe. Versuchstemperatur ϑ = 1000 °C, Reaktionsdauer t = 60 , 120 , 180 und 240 min.

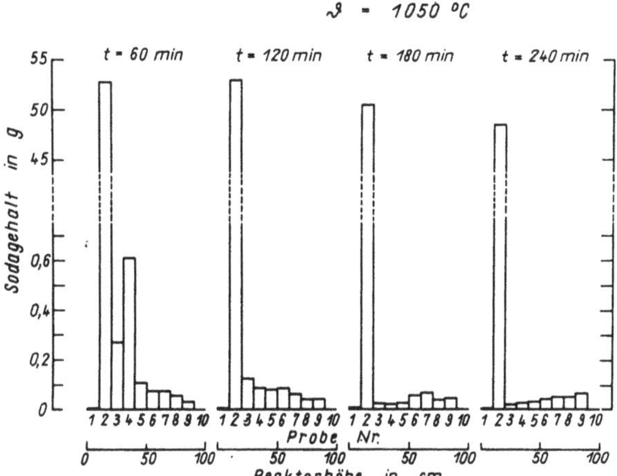

Bild 19 : Vergasung metallurgischen Kokses der Korngröße 1 bis 3 mm mit trockener Luft bei Zusatz von 2,5 Gew.-% Soda. Sodagehalt des Kokses als Funktion der Reaktorhöhe. Versuchstemperatur ϑ= 1050 °C, Reaktionsdauer t = 60 , 120 , 180 und 240 min.

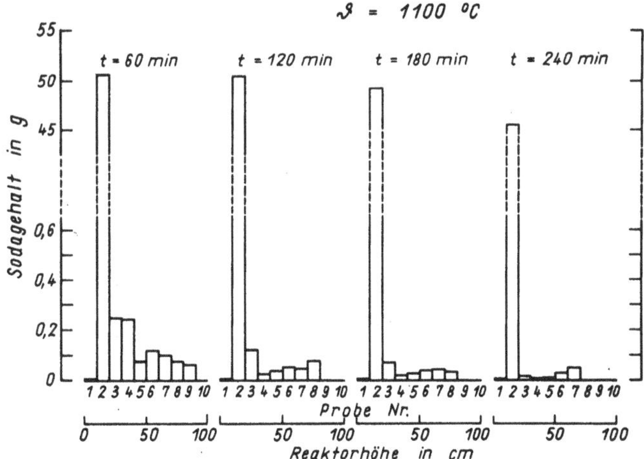

Bild 20 : Vergasung metallurgischen Kokses der Korngröße 1 bis 3 mm mit trockener Luft bei Zusatz von 2,5 Gew.-% Soda. Sodagehalt des Kokses als Funktion der Reaktorhöhe. Versuchstemperatur ϑ= 1100 °C, Versuchsdauer t = 60 , 120 , 180 und 240 min.

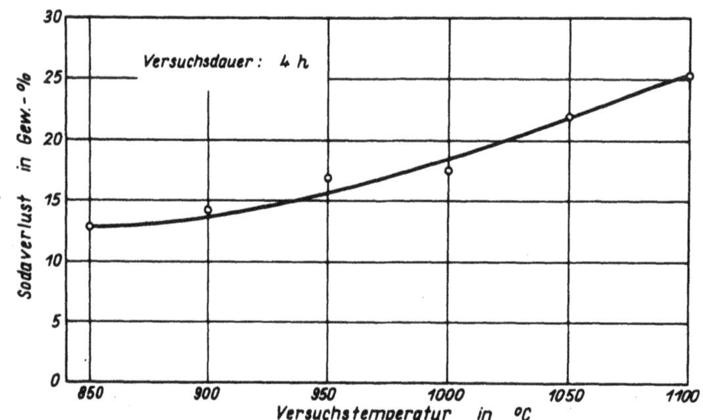

Bild 21 : Vergasung metallurgischen Kokses der Korngröße 1 bis 3 mm mit trockener Luft bei Zusatz von 2,5 Gew.-% Soda. Sodaverlust als Funktion der Versuchstemperatur für eine Reaktionsdauer t von 240 min.

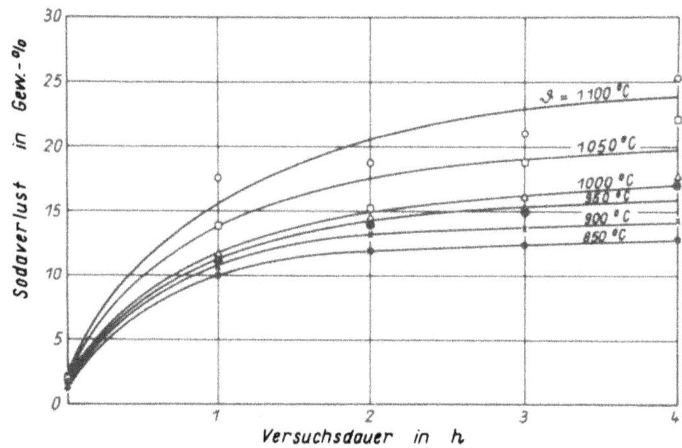

Bild 22 : Vergasung metallurgischen Kokses der Korngröße 1 bis 3 mm mit trockener Luft bei Zusatz von 2,5 Gew.-% Soda. Sodaverlust als Funktion der Versuchsdauer für verschiedene Versuchstemperaturen turen ϑ = 850 , 900 , 950 , 1000 , 1o50 und 1100 °C.

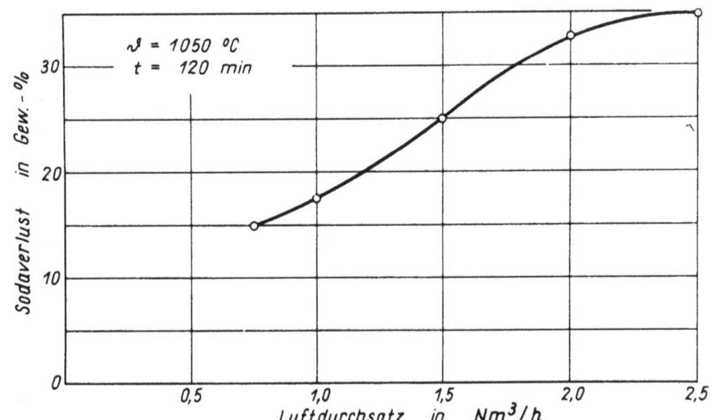

<u>Bild 23 :</u> Vergasung metallurgischen Kokses der Korngröße 1 bis 3 mm mit trockener Luft bei Zusatz von 2,5 Gew.-% Soda. Sodaverlust als Funktion des Luftdurchsatzes. Versuchstemperatur ϑ = 1050 °C, Versuchsdauer t= 120 min.

Forschungsberichte des Landes Nordrhein-Westfalen

Herausgegeben im Auftrage des Ministerpräsidenten Heinz Kühn
vom Minister für Wissenschaft und Forschung Johannes Rau

Sachgruppenverzeichnis

Acetylen · Schweißtechnik
Acetylene · Welding gracitice
Acétylène · Technique du soudage
Acetileno · Técnica de la soldadura
Ацетилен и техника сварки

Arbeitswissenschaft
Labor science
Science du travail
Trabajo científico
Вопросы трудового процесса

Bau · Steine · Erden
Constructure · Construction material · Soilresearch
Construction · Matériaux de construction · Recherche souterraine
La construcción · Materiales de construcción · Reconocimiento del suelo
Строительство и строительные материалы

Bergbau
Mining
Exploitation des mines
Minería
Горное дело

Biologie
Biology
Biologie
Biologia
Биология

Chemie
Chemistry
Chimie
Quimica
Химия

Druck · Farbe · Papier · Photographie
Printing · Color · Paper · Photography
Imprimerie · Couleur · Papier · Photographie
Artes gráficas · Color · Papel · Fotografía
Типография · Краски · Бумага · Фотография

Eisenverarbeitende Industrie
Metal working industry
Industrie du fer
Industria del hierro
Металлообработывающая промышленность

Elektrotechnik · Optik
Electrotechnology · Optics
Electrotechnique · Optique
Electrotécnica · Optica
Электротехника и оптика

Energiewirtschaft
Power economy
Energie
Energía
Энергетическое хозяйство

Fahrzeugbau · Gasmotoren
Vehicle construction · Engines
Construction de véhicules · Moteurs
Construcción de vehículos · Motores
Производство транспортных средств

Fertigung
Fabrication
Fabrication
Fabricación
Производство

Funktechnik · Astronomie
Radio engineering · Astronomy
Radiotechnique · Astronomie
Radiotécnica · Astronomía
Радиотехника и астрономия

GPSR Compliance
The European Union's (EU) General Product Safety Regulation (GPSR) is a set of rules that requires consumer products to be safe and our obligations to ensure this.

If you have any concerns about our products, you can contact us on

ProductSafety@springernature.com

In case Publisher is established outside the EU, the EU authorized representative is:

Springer Nature Customer Service Center GmbH
Europaplatz 3
69115 Heidelberg, Germany

www.ingramcontent.com/pod-product-compliance
Ingram Content Group UK Ltd.
Pitfield, Milton Keynes, MK11 3LW, UK
UKHW061658190726
13853UKWH00008B/2270

* 9 7 8 3 6 6 3 0 6 4 0 3 9 *